MÉMOIRE

SUR UNE NOUVELLE MANIÈRE

D'APPLIQUER LES CHEVAUX

AU MOUVEMENT DES MACHINES.

MÉMOIRE

SUR UNE NOUVELLE MANIÈRE

D'APPLIQUER LES CHEVAUX

AU MOUVEMENT DES MACHINES,

EN Y EMPLOYANT DE PLUS LEUR POIDS ET CELUI DU CONDUCTEUR,

Par PERRONET,

Premier Ingénieur des Ponts-et-Chaussées de France, Directeur de l'École des Élèves, et Garde des Plans, Projets et Modèles de ce Département,

DEUXIÈME ÉDITION,

PARIS,

BACHELIER, IMPRIMEUR-LIBRAIRE POUR LES SCIENCES,

QUAI DES AUGUSTINS, N° 55.

1834.

MÉMOIRE

SUR UNE NOUVELLE MANIÈRE

D'APPLIQUER LES CHEVAUX

AU MOUVEMENT DES MACHINES,

EN Y EMPLOYANT DE PLUS LEUR POIDS ET CELUI DU CONDUCTEUR.

ARTICLE 1ᵉʳ.

L'usage le plus ordinaire est de placer un cheval dans un manége circulaire d'environ 15 pieds de rayon depuis le centre d'un arbre vertical qu'il fait tourner, étant attaché à un palonnier. On fixe cet arbre à une grande roue dentée engrenant dans une lanterne qui, par son axe, donne le mouvement soit à une meule pour moudre le grain, ou de toute autre manière afin de produire l'effet que l'on se propose ; et la diversité des machines en occasione aussi sur la manière de leur communiquer la force du cheval relativement à l'effet que l'on veut produire.

2.

Il est nécessaire, pour le but que nous nous proposons, de commencer par faire connaître l'effet que l'on doit attendre d'un cheval de moyenne force, et de le comparer à celui que produirait un homme appliqué à une manivelle qui ferait mouvoir une pompe à chapelet pour les épuisemens, une vis d'Archimède, ou autre machine semblable.

3.

Il a été reconnu par M. Sauveur et autres mécaniciens, qu'un cheval de moyenne force pouvait tirer d'un puits un poids d'environ 175 livres avec une vitesse de 1800 toises par heure, ou de 30 toises par minute pendant deux heures et demie ou trois heures de suite, ce qui donne 5100 pour l'expression de sa quantité de mouvement, en réduisant sa force à 170 livres.

4.

La force d'un homme appliqué à une manivelle de 14 pouces de rayon est, suivant le Cours de Physique expérimentale du docteur Désaguliers (tome II , page 294), de 30 livres, qu'il réduit à 25 pour qu'il puisse travailler pendant six ou huit heures par jour, et sa vitesse à peu près de 27 toises par minute : ce qui fait 675 pour l'expression de sa quantité de mouvement ; au moyen de quoi celle du cheval est de sept fois et demie plus grande que celle de l'homme , seulement pour un travail de deux heures et demie ou trois heures de suite ; mais plusieurs mécaniciens l'ont réduite au quintuple, relativement à la plus grande durée usitée de son travail, ce qui donne seulement 125 livres pour sa force.

5.

On attribue 25 livres de force aux hommes qui sont employés à lever un mouton pour le battage des pieux, à raison de 25 coups par minute, nommés *volées*, pour l'enlever à environ 3 ou 4 pieds de hauteur ; après quoi ils se reposent le même temps d'une minute alternativement ; travail qu'ils peuvent soutenir toute la journée , hors l'heure du repas. Nous avons vu au pont de Toul , sur la Moselle , des filles de la Lorraine allemande avoir l'avantage sur des hommes employés à un pareil mouton du poids de 600 livres, en ce qu'elles l'élevaient à plus de 4 pieds, étant en même nombre de 24.

6.

Le même docteur Désaguliers attribue à l'homme appliqué à une manivelle la faculté d'enlever en une minute, à 10 pieds de hauteur, un muid d'eau de 8 pieds cubes, pesant 576 livres.

7.

On peut tirer un plus grand parti de la force de l'homme en le plaçant dans une roue, soit pour le mouvement des pompes, ou pour enlever des pierres avec une grue, comme cela se pratique souvent dans les bâtimens, parce qu'alors tout le poids de son corps y est employé; mais sa vitesse se trouve diminuée de celle qu'on lui a donnée lorsqu'il est appliqué à une manivelle. On doit aussi observer, dans ce dernier cas, qu'il ne peut pas soutenir ce travail plus de deux heures de suite aux pompes à chapelet des épuisemens, au lieu de six ou huit heures mentionnées ci-devant; vu que l'on est obligé de le relever par des relais qui se succèdent de deux en deux heures.

8.

Il faut considérer les quantités de mouvement dont on a déjà parlé comme le maximum de la force des hommes et des chevaux, à cause du frottement qui doit en diminuer l'effet du tiers, d'après les expériences de M. Amontons, pour les machines les plus simples; l'engrènement des roues et lanternes diminuant encore cet effet, ainsi qu'il l'a expliqué, en raison du nombre de ces engrènemens et du plus ou moins d'aspérités des corps qui les composent, surtout lorsqu'ils ne sont pas polis ou graissés.

9.

Les chevaux sont ordinairement employés à tirer, et le moyen le plus avantageux est celui de les atteler à des voi-

tures à deux ou quatre roues, parce que, dans ce cas, la
vitesse du poids se trouve exprimée par la circonférence du
trou du moyeu, et celle du cheval par la circonférence exté-
rieure des jantes des roues, dont on suppose d'ailleurs que
l'essieu se trouve placé à la hauteur des traits ; en sorte que
si le rayon de ce trou a 2 pouces de longueur, et celui de la
roue 3o pouces, en supposant la charge de 15oo, compris le
poids de la voiture, et que le frottement, évalué au tiers
d'après les expériences de M. Amontons, soit de 5oo liv. , le
cheval n'aura qu'une force de 33 liv. et un tiers à employer
pour tirer le tout sur un plan horizontal et très uni ; il lui
restera encore, d'après ce qui est dit art. 4, un excédant de
force de 9i liv. 2 tiers pour vaincre l'augmentation du poids
sur les rampes et les inégalités du terrain rouagé, ainsi que
les pierres qui peuvent faire obstacle au mouvement des
roues, afin de mettre le cheval en état de soutenir la fatigue
pendant six ou huit heures dans la journée, avec une vitesse
de 3o toises par minutes , le tout comme on l'a supposé
ci-devant.

10.

On voit que, par cette raison, il est avantageux d'atteler plusieurs chevaux de suite pour transporter un plus grand poids,
parce que celui de la voiture se trouve partagé entre le nombre des chevaux; et aussi d'employer des voitures à quatre
roues , pour que le limonier ne soit pas trop chargé dans les
descentes, en donnant aux roues de devant le plus de diamètre possible, sans que cela puisse empêcher la voiture de
tourner au droit des coudes.

11.

Les observations précédentes doivent faire désirer que le
poids du cheval puisse être ajouté à une partie de la force

dont il est susceptible pour tirer, étant employé au mouvement circulaire d'une machine; et cela aura lieu en rendant le manége mobile avec balancemens successifs sur un même pivot placé au bas d'un arbre vertical , au milieu duquel le manége serait fixé horizontalement.

On va expliquer comment on pense que cela pourrait être exécuté par un mécanicien intelligent relativement au plan et à l'élévation ci-joints.

12.

L'arbre vertical serait composé de deux parties; la première du bas (notée 3 et 4) partirait à sa tête d'une grosse souche d'orme ou de chêne d'environ 4 pieds sur chaque dimension. Cette grosseur serait réduite à 21 pouces en carré sur 11 pieds de longueur. La partie d'en haut (notée 1, 2) aurait 11 pieds de longueur hors la souche, sur 18 pouces en carré, et de plus, 18 pouces qui seraient engagés dans la souche, auraient 20 pouces de grosseur dans le bout d'en bas, taillé en chanfrein.

13.

On donnerait 21 pouces en carré sur 18 pouces de hauteur à l'espèce de mortaise qui serait recreusée dans la souche pour y faire entrer cette partie de l'arbre vertical, et on chasserait à coup de masse, dans son pourtour, des coins de bois dur et sec pour remplir le vide de la mortaise, et y assujettir cet arbre inébranlablement.

14.

Le pivot (noté 5) serait fait en demi-sphère de 30 lignes de diamètre , réduit à 18 lignes dans l'arbre, sur 3 pieds de longueur; la crapaudine (notée 6) serait de cuivre ou de fer encastrée dans un blochet (noté 7) de bois de 18 pouces de grosseur en carré, lequel serait établi sur un pilier de maçonnerie (noté 8) de 4 pieds de diamètre au milieu d'un bassin où arriverait l'eau d'une citerne ou d'un ruisseau par le moyen d'un aquéduc.

15.

On placera dans la souche quatre pièces de charpente (notées 9) d'équerre, sur l'arbre vertical et entre elles, qui auront 19 pieds de longueur sur 12 pouces de large, lesquelles seront assemblées dans cette souche sur 18 pouces de longueur, et serrées fortement avec coins, ainsi qu'on l'a expliqué pour la partie supérieure de l'arbre.

16.

On placera aussi quatre autres pièces (notées 10) de pareille grosseur, mais seulement de 18 pieds de longueur chacune, formant un angle de 22 degrés et demi avec les précédentes; elles entreront seulement de 6 pouces dans la souche et y seront serrées très fortement avec coins.

17.

Pour que la souche, lors de la chasse des coins, ne puisse se fendre, on y placera une frette ou cercle de fer dessus et dessous (noté 11) de 3 pouces de largeur sur 9 lignes d'épaisseur. Les quatre dernières pièces, qui n'entreront que de 6 pouces dans la souche, auront besoin d'être fortifiées dans leur assemblage près de l'arbre vertical : ce qui sera fait avec quatre doubles moises (notées 12) posées d'équerre sur ces pièces et espacées à 2 pieds du centre de l'arbre; elles auront chacune 9 pieds de longueur sur 10 pouces de large, et 12 pouces de hauteur, et seront assemblées entre elles à mi-bois avec encastrement mutuel de deux pouces dans les pièces diamétrales qui auront été placées sur un même plan. Ces doubles moises seront aussi boulonnées au milieu de leur assemblage.

18.

Pour entretenir fixement ces pièces diamétrales avec l'arbre vertical, on posera huit liens (notés 13) en décharge, tant dessus que dessous, chacune d'elles à 10 pieds du centre commun. Ces liens auront 8 et 9 pouces de grosseur et 15 pieds de longueur, assemblés en dehors de ces 10 pieds haut et bas, dans l'arbre et dans les pièces horizontales correspondantes, avec tenons, mortaises et embrevemens, en observant de placer les assemblages de quatre de ces liens dessus et autant dessous dans l'arbre vertical, à 18 pouces plus près du centre commun, n'y ayant pas de place dans le pourtour de cet arbre pour les disposer autrement.

19.

On chassera des coins de bois dur à chaque bout des liens, pour les serrer en même temps le plus qu'il sera possible dans les mortaises ; on mettra des frettes et des liens de fer aux endroits nécessaires, à l'effet d'entretenir toute la charpente fortement dans ses assemblages.

20.

L'espace du pourtour du manége qui sera destiné, sur *six pieds de largeur*, au passage du cheval pour agir par sa pesanteur et celle du poids cylindrique dont il sera ci-après fait mention, qu'il aura à tirer, sera soutenu par six pièces transversales (notées 14) dans chaque quart de cercle, de 10 à 12 pouces de grosseur, assemblées à tenons et mortaises, et à mi-bois entre elles, fortifiées de liens de fer, ainsi qu'on l'a figuré sur le plan.

2..

21.

On placera au-dessus seize pièces de pont (notées 15), de 11 pieds de longueur sur 6 et 7 pouces de grosseur, espacées à environ 5 pieds de milieu en milieu, mesurées sur le plus grand diamètre et tendantes au centre de l'arbre; lesquelles pièces seront encastrées de 4 pouces dans celles du dessous, et boulonnées ensemble avec boulons de fer de 9 lignes de diamètre.

22.

On mettra sur ces pièces de pont 48 potelets de garde-fou de 6 pouces d'épaisseur et 3 pieds de hauteur, espacés à 5 pieds de leur nu en dedans, et contrebuttés en dehors avec des liens pendans qui seront assemblés à leurs bouts. On placera aussi un pareil lien, nommé *boute-roue*, en dedans du manége, qui n'aura, compris les assemblages à tenons et mortaises, que 18 pouces de longueur, pour ne pas gêner la marche du cheval.

23.

La lisse qui terminera ce garde-fou aura 4 pouces de hauteur sur 6 de largeur, et affleurera par le dessus de la tête de chaque potelet, avec lequel elle sera assemblée solidement, en le fortifiant même d'une bande de fer encastrée dans le bois et coudée, à cause des angles que formera le cours de lisse au droit de chaque potelet.

24.

La plate-forme de cette partie du manége sera recouverte de madriers, chacun de 6 pieds de longueur et 8 pouces de largeur, réduite sur 4 d'épaisseur, affleurant jointivement le dessus des pièces de pont et chevillés sur les pièces infé-rieures avec des chevilles barbées de 6 à 7 pouces de longueur, dont la tête excédera de 4 lignes le dessus des plates-formes, pour empêcher le cheval de glisser.

25.

On conçoit qu'un pareil assemblage de charpente pourra se tenir horizontalement en équilibre sur un pivot, mais qu'un poids qui serait suffisant pour vaincre le frottement du pivot dans sa crapaudine le ferait baisser et même renverser, s'il n'était retenu au moyen des roulettes (notées 16), et d'une petite plate-forme de 3 pieds de large (notée 17 et 18), établie 3 pieds plus bas sur le mur du pourtour du bassin.

26.

En supposant que les pièces (notées 9 et 10) puissent fléchir de 6 pouces à cause de l'élasticité du bois et du jeu dans leur assemblage au droit du milieu du petit manége, et que la roulette du dessous ait 6 pouces de diamètre, elles pourront descendre de 2 pieds avant de toucher la petite plate-forme circulaire; ce qui fera relever d'autant le côté diamétralement opposé, et à mesure que le cheval avancera dans son manége, en formant un balancement successif dans toute la machine, sans la faire tourner sur son pivot.

27.

Ce balancement peut être employé utilement pour servir de moteur dans plusieurs machines, et particulièrement pour le mouvement des pompes aspirantes et refoulantes, placées verticalement, dont la tige serait attachée au bout des pièces (notées 9), ou bien à même distance, au côté opposé plus près du centre de l'arbre vertical, suivant qu'on le trouverait plus convenable.

28.

Dans le premier cas, le jeu du piston serait de 2 pieds 8 pouces, et dans l'autre seulement de 16 pouces; mais la force du moteur serait la même, ainsi qu'au droit des roulettes, où le jeu du piston se trouverait de 2 pieds, parce que la quantité de mouvement serait semblable dans ces trois différens cas; et l'on aura la facilité d'établir ces pompes à celui des deux autres points que l'on croira plus convenable; c'est pourquoi, dans le calcul que l'on va donner, on placera ce bras de levier moyennement à 15 pieds au droit de la roulette, quoique les pompes ne puissent pas y être placées, à cause de la petite plate-forme destinée à fixer, à 2 pieds, la hauteur de son abaissement.

29.

Nous allons présentement examiner, 1° quel sera le poids de tout le manége, ainsi que le frottement sur son pivot;

2° Celui du moteur que l'on propose d'y employer;

3° La force des principales pièces horizontales du manége comparativement avec le poids qu'elles auront à supporter, agissant avec un rayon de 15 pieds de longueur réduite;

Et 4° le produit que l'on aura lieu d'attendre pour élever l'eau d'un bassin dans son réservoir, qui serait placé au-dessus de la machine et du bassin, au moyen de quatre pompes aspirantes et refoulantes, posées verticalement, dont les tuyaux du dessous de la pompe iraient prendre les eaux dans le bassin, et ceux du dessus les porteraient au réservoir, étant tous coudés convenablement : ce que nous diviserons en autant de sections.

SECTION PREMIÈRE.

30.

*Toisé des bois pour en connaître le cube, et aussi le poids
de la machine compris celui des fers.*

BOIS DE CHÊNE.

Partie d'en bas de l'axe vertical.

———

PREMIÈRE PARTIE (notée 3 et 4).

	Pieds.	Pouc.	Ligu.
Longueur, 11 pieds sur $1^{d.}$ 9° en carré. . .	33	»	»
Pour la grosseur de la souche de 4 à 5 pieds en tous sens.	70	»	»

DEUXIÈME PARTIE (notée 1 et 2).

	Pieds.	Pouc.	Ligu.
Longueur, 12 pieds sur $1^{d.}$ 6° en carré. . .	27	»	»
16 pièces de pont (notées 15, chacune de 11 pieds de longueur sur 6 et 7 pouces de grosseur), ci.	51	4	»
Les madriers d'entre les pièces de pont, chacun de 6 pieds de long et 4 pouces d'épaisseur, produisent, sur 86 pouces de circonférence, réduite, ci.	172	»	»
Total du bois de chêne.	353	4	»

Tout le reste du bois doit être du sapin, qui se trouve plus fort d'un cinquième pour porter, et qui pèse à peu près un tiers moins que le chêne.

BOIS DE SAPIN.

	Pieds.	Pouc.	Lign.
4 pièces (notées 9) ayant chacune 19 pieds de longueur sur 12 pouces de large et 18 de hauteur.	114	»	»
4 autres pièces (notées 10) chacune de 18 pieds de longueur sur 12 pouces de large et 18 de hauteur.	108	»	»
4 doubles moises (notées 12) faisant huit pièces, ayant chacune 9 pieds de longueur sur 10 pouces de large et 12 pouces de hauteur.	60	»	»
16 liens (notés 13) de chacun 15 pieds de longueur sur 8 à 9 pouces de grosseur. .	120	»	» .
Les pièces transversales (notées 14) ayant ensemble 288 pieds de longueur sur 10 à 12 pouces de grosseur, ci.	240	»	»
48 potelets de garde-fou chacun de 3 pieds de hauteur, ensemble 144 pieds, sur 6 pouces de grosseur en carré.	36	»	»
96 liens pendans ayant avec ceux des boute-roues 6 pieds de longueur, et ensemble 576 pieds de longueur sur 6 pouces de grosseur en carré, ci.	144	»	»
198 pieds de longueur de lisse, de quatre pouces de hauteur sur 6 de largeur. . . .	33	»	»
Total du bois de sapin. . . .	855	»	»

Les 353 pieds 4 pouces cubes de bois de chêne, à 60 livres le pied cube, en le supposant sec, produisent 21260 livres.

Les 855 pièces cubes de bois de sapin, également sec, à 40 livres le pied cube, produisent, ci. 34200

Le poids du fer est évalué en total à 540 liv.   540

Total. 56000

FROTTEMENT DU MANÉGE SUR SON PIVOT.

31.

Le centre du frottement d'un pivot doit être pris aux deux tiers de son demi-diamètre, ce qui donne 10 lignes pour celui dont il est ici question, qui aura 30 lignes, terminé en demi-sphère ; mais le bras du levier du moteur étant supposé de 15 pieds ou de 180 pouces, la force qu'il faudra pour vaincre le frottement de la machine se trouvera réduite à la 216e partie du tiers de son poids de 56 milliers, ou à 86 livres.

SECTION DEUXIÈME.

POIDS DU MOTEUR.

32.

Indépendamment de la pesanteur du cheval, qu'on évaluera à 600 livres, on propose de lui faire tirer un poids de 3 milliers, soit en vieille meule, ou autre pierre dont serait rempli un cylindre en charpente de 4 pieds de diamètre. Les bords extérieurs, ou espèces de jantes, excéderaient de 3 pouces la surface du cylindre. L'essieu aurait 2 pouces de diamètre, on y passerait à chaque bout un anneau de fer de 2 pouces 6 lignes d'ouverture, portant un crochet pour attacher les traits.

33.

On doit observer que le cheval, en parcourant son manége, montera une rampe de près de 6 pouces par toise, parce que son balancement fera descendre de 2 pieds le plan horizontal, pendant que la partie opposée diamétralement s'élevera d'autant ; ce qui fera 2 pieds à monter sur chaque quart du cercle, qui aura environ 4 toises de développement.

34.

Cette rampe sera aplanie sous les pas du cheval, et se reformera successivement par le balancement du total de la machine, ce qui donnera une pente réduite de 3 pouces au lieu de 6 pouces au plus par toise; l'angle que fera ce plan avec l'horizon sera de 5 degrés, et l'on connaîtra par le calcul trigonométrique qu'il en résultera une augmentation d'environ 100 livres, que le cheval aura de plus à tirer que les 3000 livres en question.

35.

Le tiers de ce poids de 3100 livres pour le frottement doit être diminué dans le rapport du rayon de l'essieu à celui du cylindre ; ce qui réduira à peu près à 43 livres la force que le cheval aura à employer pour le mouvement seul de ce poids; ce que l'on peut évaluer à 45 livres à cause de l'obliquité des traits, dont la direction sera un peu plus basse au droit de l'axe du cylindre.

36.

Le manége aura aussi une pente de 2 pieds transversalement sur les 15 pieds de longueur de son rayon, jusqu'au milieu de l'espace que parcourra le cheval, ou à peu près de 10 pouces par toise; ce qui ne donnera que 20 lignes d'inégalité de pente sous l'écartement des jambes du cheval, comme sur les revers d'un chemin; mais si l'on apercevait que cela pût le fatiguer, on pourrait de temps à autre diriger sa marche en contre-sens.

37.

On a reconnu, art. 31, que le frottement du balancement de la machine entière étant reporté à 15 pieds de l'axe vertical où sera établi le milieu du manége du cheval, se trouvera réduit à 86 livres; mais on pense que n'étant ici question que du balancement de cette machine, il sera encore moindre que si le mouvement était horizontalement circulaire, comme cela a lieu en général pour les pivots dont le frottement total a été considéré dans les expériences des mécaniciens qui s'en sont occupés; et faute d'expériences *à priori* sur ce nouveau genre de frottement, on estime qu'il peut être diminué d'un quart, ou à peu près de 20 livres, ce qui le réduira à 66 livres; et avec les 45 livres que l'on

vient d'établir pour le frottement du poids, le tout fera
111 livres, au lieu de 125 livres que l'on a attribuées, art. 4,
à un cheval de moyenne force pour tirer.

38.

A l'égard de la réduction des 20 livres mentionnées ci-
devant, on s'y croit d'autant mieux fondé, que l'on sait que
les expériences de M. Amontons pour établir au tiers le frottement des matières polies, n'ont été faites qu'avec des corps
peu pesans, et qu'il doit être diminué de beaucoup pour des
grosses masses, puisque l'on est dans l'usage de ne donner
que 12 à 13 lignes de pente par pied aux formes sur lesquelles
on lance à la mer les gros vaisseaux marchands, les frégates,
et seulement 10 lignes pour les plus gros vaisseaux de ligne,
tels que celui nommé *la Ville-de-Paris*, de 90 canons, que
nous avons vu lancer à la mer à Rochefort, sur une pareille
pente; ce qui donne, moyennement un angle de 4 degrés 33
minutes et demie, au lieu de 18 degrés 26 à 27 minutes que
M. Amontons a nommé *l'angle des frottemens;* le tout
comme il est observé plus en détail dans un Mémoire que
nous avons lu à l'Académie des Sciences, et qui est rapporté
dans la deuxième édition de notre ouvrage sur la description
des projets et la construction de différens ponts, écluses,
canaux, etc., tome Ier, pages 636 et 637.

SECTION TROISIÈME.

Calcul de la force des principales pièces horizontales du manége, comparativement avec le poids qu'elles auront à supporter.

39.

Ce poids est de 3720 livres, compris celui de 600 livres qui a été attribué ci-devant au cheval, et celui de son conducteur, que l'on évaluera à 120 livres.

40.

Les principales pièces horizontales (notées 9 et 10) du manége doivent avoir 12 pouces de large sur 18 de hauteur, et leur longueur doit être de 13 pieds depuis la sortie de la souche dans laquelle elles se trouveront fortement engagées ; mais à cause des liens ou décharges (notées 13) qui seront placées dessus et dessous, cette longueur se trouvera réduite à 6 pieds ; on la portera cependant à 10 pieds, pour être plus assuré, dans le calcul que l'on va en faire, de la solidité de ces pièces.

41.

A défaut d'expériences assez en grand sur des pièces posées horizontalement qui sont engagées fixement d'un bout, et chargées d'un poids à l'autre bout pour les rompre, nous avons eu recours à celles faites l'année dernière par M. Varennes-Fénille, et rapportées dans le premier tome de ses Mémoires sur l'administration forestière (page 263). Il a reconnu qu'une pièce de bois de chêne de deux pouces de grosseur en carré et 7 pieds 8 pouces de longueur, dont 8 pouces se trouvaient très solidement engagés dans un gros mur, étant posée horizontalement, a été rompue à sa jonction, sous un poids de 185 livres et demie, ayant pris une inclinaison de 12 degrés : ce bois, qui était presque sec, pesait environ 54 livres le pied cube.

42.

Pour appliquer cette expérience aux principales pièces horizontales du manége, on doit être prévenu, d'après le précepte de Galilée adopté par les plus célèbres mécaniciens, que la résistance des différens corps durs doit se faire dans la raison directe du carré de leur hauteur par leur largeur, et l'inverse de leur longueur ; ce qui fera connaître qu'une pièce de 2 pouces en carré et 10 pieds de longueur, que l'on a supposée pour bras de levier moyen de la puissance, pourrait être chargée à son extrémité, de 130 livres, que nous réduirons au quart, d'après l'avis de M. de Buffon, pour qu'elle ne puisse ni se rompre ni même plier sensiblement. Ce poids sera donc conséquemment de 32 livres et demie; et en achevant le calcul pour l'appliquer à des pièces de 12 pouces de large, 20 pouces de hauteur, et pareille longueur de 10 pieds, mentionnée ci-dessus, on trouvera que chacune de ces pièces pourra porter 15795 livres.

43.

On sait, d'après les expériences de M. Parent, que le sapin doit porter un cinquième de plus que le chêne, ce qui élevera la force précédente à 18954 livres.

SECTION QUATRIÈME ET DERNIÈRE.

Calcul du produit de l'eau par le jeu des pompes.

44.

Les quatre pompes aspirantes et refoulantes seront placées soit aux extrémités des quatre principales pièces horizontales, à 20 pieds, ou bien encore à 10 pieds de l'axe de l'arbre vertical, ce qui donnera 15 pieds pour longueur moyenne du bras de levier, répondant au poids et à la puissance; et le calcul que l'on fera d'après ce bras de levier produira un résultat moyen. Il sera pour lors facile d'évaluer ce produit d'après chacun des différens bras de levier que l'on vient de citer, pour que l'on puisse mieux choisir le lieu où l'on voudra placer les pompes convenablement au local; la quantité de mouvement étant la même pour chacun de ces endroits, comme on vient de le dire, ce qui donnera le même produit.

45.

La marche circulaire et presque horizontale du cheval ne doit pas être considérée pour sa vitesse, comme dans les autres machines ordinaires, cette vitesse devant être prise verticalement pour le cas dont il est ici question.

46.

Le cheval, en parcourant son manége deux fois dans une minute, ainsi qu'on l'observera ci-après, fera aussi mouvoir deux fois chaque pompe; et le jeu du piston étant supposé de 2 pieds, on aura 16 pieds de vitesse moyenne pour leur mouvement total : le bras de levier de la puissance devant, dans la supposition que l'on vient de faire, être égal à celui du poids, le volume d'eau que l'on pourra enlever sera aussi égal à la puissance, indépendamment de ce que l'inclinaison successive de la machine vers le moteur y ajoutera encore une petite partie de son poids.

47.

Ce poids ayant été supposé, art. 39, de 3720 livres, on le réduira à 3500 livres, en évaluant le frottement de chaque piston, ainsi que son poids, compris celui de la tige, à 55 liv. ; ces 3500 livres, qui font 14,000 livres pour une seule impulsion du piston de chaque pompe, et 28,000 livres pour le double, au moyen de ce que le cheval peut faire deux fois le tour du manége dans une seule minute, produiront 390 pieds cubes d'eau en une minute, élevés à 2 pieds de hauteur, du poids chacun de 72 livres, ou 48 muids trois quarts, contenant 8 pieds cubes, et près de 10 muids pour l'élever à 10 pieds de hauteur.

48.

On a vu, art. 6, que le maximum de la force d'un homme appliqué à une pompe le mettait en état d'élever un muid d'eau à la même hauteur de 10 pieds, et que celui du cheval, art. 4, employé à tirer un fardeau, lui était à peu près quintuple ; en sorte que le produit de la machine proposée se trouvera décuple de la force de l'homme, et d'environ le double de celle d'un cheval de moyenne force, ou d'un mulet et d'un bœuf qui pourraient également y être employés, même plus utilement, lorsque ces animaux peseront plus de 600 livres.

49.

Un avantage aussi considérable paraît mériter assez l'attention des mécaniciens pour les engager à employer cette machine dans les occasions convenables, et de l'appliquer à d'autres usages que celui d'élever l'eau, en s'occupant en même temps des moyens de la perfectionner.

FIN.

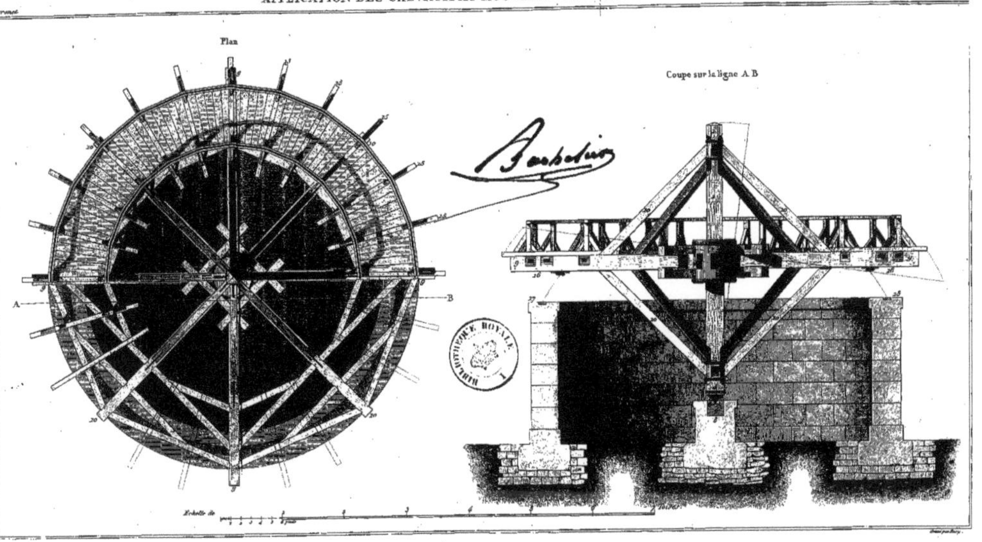

Plan
Coupe sur la ligne A.B
A
B
Echelle de
BIBLIOTHÈQUE ROYALE

www.ingramcontent.com/pod-product-compliance
Ingram Content Group UK Ltd.
Pitfield, Milton Keynes, MK11 3LW, UK
UKHW010916160726
13695UKWH00007B/2597